广东海洋经济
发展报告
2023

广东省自然资源厅
广东省发展和改革委员会   编著

SPM
南方传媒

广东科技出版社
全国优秀出版社

·广州·

图书在版编目（CIP）数据

广东海洋经济发展报告.2023 / 广东省自然资源厅，广东省发展和改革委员会编著. — 广州：广东科技出版社，2023.7
ISBN 978-7-5359-8094-6

Ⅰ.①广…　Ⅱ.①广…②广…　Ⅲ.①海洋经济—区域经济发展—研究报告—广东—2023　Ⅳ.①P74

中国版本图书馆CIP数据核字（2023）第093398号

广东海洋经济发展报告（2023）
Guangdong Haiyang Jingji Fazhan Baogao (2023)

出 版 人：严奉强
责任编辑：张远文　李　杨
装帧设计：友间文化
责任校对：于强强
责任印制：彭海波
出版发行：广东科技出版社
　　　　　（广州市环市东路水荫路11号　邮政编码：510075）
销售热线：020-37607413
https://www.gdstp.com.cn
E-mail：gdkjbw@nfcb.com.cn
经　　销：广东新华发行集团股份有限公司
印　　刷：广州一龙印刷有限公司
　　　　　（广州市增城区荔新九路43号1幢自编101房　邮政编码：511340）
规　　格：720 mm×1 000 mm　1/16　印张6.25　字数125千
版　　次：2023年7月第1版
　　　　　2023年7月第1次印刷
定　　价：98.00元

前言

　　2022年是党和国家历史上极为重要的一年。党的二十大胜利召开，描绘了全面建设社会主义现代化国家的宏伟蓝图。党的二十大报告作出"发展海洋经济，保护海洋生态环境，加快建设海洋强国"的战略部署。习近平总书记对广东工作高度重视、亲切关怀、寄予厚望，2023年4月在广东视察时，强调要加强陆海统筹、山海互济，强化港产城整体布局，加强海洋生态保护，全面建设海洋强省。

广东省委、省政府全面贯彻落实党的二十大精神和习近平总书记视察广东重要讲话、重要指示精神，以习近平总书记关于建设海洋强国的系列重要论述精神为根本指引，锚定高质量发展的首要任务，出台了全面建设海洋强省意见，制定了《海洋强省建设三年行动方案（2023—2025年）》，明确海洋工作发展方向，做好经略海洋大文章，推进海洋事业在新征程上走在全国前列，创造新的辉煌。

为全面反映广东海洋经济发展情况，广东省自然资源厅、广东省发展和改革委员会共同组织编写了《广东海洋经济发展报告（2023）》（以下简称《报告》）。《报告》总结了2022年广东海洋经济发展总体情况以及重点工作情况，介绍了沿海地级以上城市及佛山市海洋经济发展主要成效，提出了2023年广东海洋经济工作计划。

《报告》在编写过程中得到了省直有关部门、沿海地级以上城市及佛山市相关涉海主管部门的大力支持，在此一并表示感谢。

编者

2023年6月

目录

<<< 第一章

2022年广东海洋经济发展总体情况

第一节 ▶ 海洋经济总体运行情况

一、海洋经济总量全国领先

海洋经济总量连续28年居全国首位。面对需求收缩、供给冲击、预期转弱三重压力以及疫情等超预期因素冲击，广东坚持顶压前行、积极主动作为，推动政策靠前发力、工作提速加力，涉海重大项目持续发挥扩内需、稳增长的"压舱石"作用，海洋经济运行韧性彰显，高质量发展取得新成效。据初步核算，2022年全省海洋生产总值为18 033.4亿元[①]，同比增长5.4%，占地区生产总值的14.0%，占全国海洋生产总值的19.1%（图1-1）。

[①] 按照统计程序，本报告中涉及的海洋生产总值、海洋产业增加值数据均为自然资源部反馈数据，其增速为名义增速。2018—2021年数据为《海洋及相关产业分类》（GB/T 20794—2021）新标准下的修订数，2018年数据为15 074.5亿元，2019年数据为16 286.4亿元，2020年数据为15 089亿元，2021年数据为17 114.5亿元，2022年数据为初步核算数。相关数据后续调整以自然资源部最终核实反馈为准。

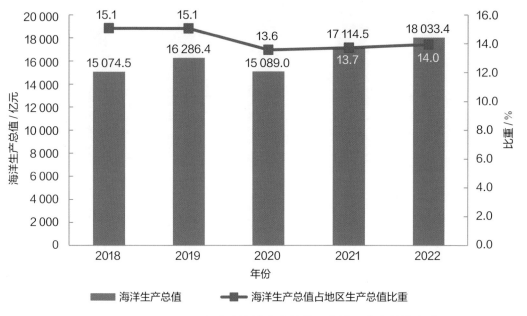

图1-1 2018—2022年全省海洋生产总值及占地区生产总值比重

二、海洋产业结构持续优化

产业升级加速推进。2022年全省海洋三次产业结构比为3.0∶31.9∶65.1，海洋第一产业增加值占海洋生产总值比重同比下降0.1个百分点，海洋第二产业比重同比上升2.6个百分点，海洋第三产业比重同比下降2.5个百分点（图1-2）。实体经济发展取得新成效，海洋制造业①增加值为4 419.6亿元，同比增长6.3%，在海洋经济发展中的贡献作用持续增强。海

---

① 海洋制造业：包括海洋水产品加工业、海洋船舶工业、海洋工程装备制造业、海洋化工业、海洋药物和生物制品业、涉海设备制造、涉海材料制造、涉海产品再加工。

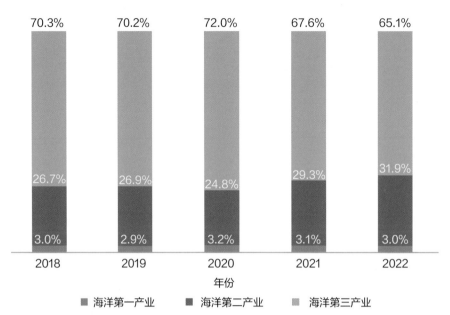

图1-2 2018—2022年全省海洋三次产业增加值占海洋生产总值比重

洋新兴产业^①发展迅猛，产业增加值为210.8亿元，同比增长18.5%，占海洋产业增加值比重提高到3.3%（图1-3）。海洋产业增加值为6 486.3亿元（图1-4），同比增长7.0%；海洋科研教育增加值为972亿元，同比增长4.0%；海洋公共管理服务增加值为5 186.6亿元，同比增长1.2%；海洋上游相关产业增加值为2 339.9亿元，同比增长7.2%；海洋下游相关产业增加值为3 048.6亿元，同比增长8.5%。2022年全省海洋生产总值构成见图1-5。

---

① 海洋新兴产业：包括海洋工程装备制造业、海洋药物和生物制品业、海洋电力业、海水淡化。

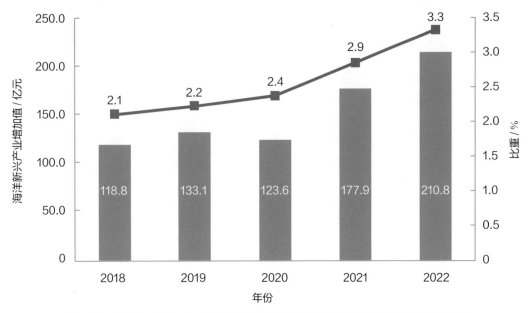

图1-3 2018—2022 年全省海洋新兴产业增加值及占海洋产业增加值比重

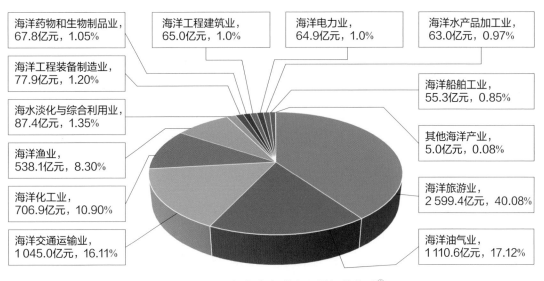

图1-4 2022年全省海洋产业增加值构成①

_____
① 图1-4中其他海洋产业包括海洋盐业和海洋矿业。部分数据因四舍五入，存在总计与分项合计不等的情况。

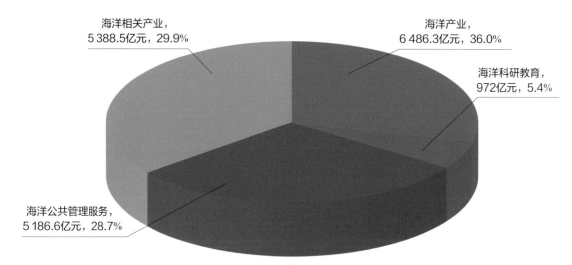

海洋相关产业，
5 388.5亿元，29.9%

海洋产业，
6 486.3亿元，36.0%

海洋科研教育，
972亿元，5.4%

海洋公共管理服务，
5 186.6亿元，28.7%

图1-5 2022年全省海洋生产总值构成[①]

三、区域海洋经济发展成效显著

珠三角核心区海洋经济发展新动能不断积蓄。现代化海洋产业体系建设取得较大进展，产业基础高级化、产业链现代化加速推进，埃克森美孚惠州乙烯一期项目进入装置安装阶段，恒力石化（惠州）PTA[②]项目220kV恒力站竣工。海洋科技自立自强水平稳步提高，天然气水合物勘查开发国家工程研究中心挂牌运作，国家海洋综合试验场（珠海）正式落户。对外开放全面持续深化，横琴、前海、南沙等重大合作平台开发建设加快推进，粤港澳合作更加紧密，大鹏湾水域深港进出船舶实现"一次引航"，澳门轻轨延伸横琴线项目

---

① 图1-5中部分数据因四舍五入，存在总计与分项合计不等的情况。
② PTA为工业用精对苯二甲酸。

海底隧道顺利贯通，国际数据传输枢纽大湾区南沙节点建成投产，成功举办中国海洋经济博览会等国际会议。综合立体交通体系逐渐成形，广州、深圳国际综合交通枢纽功能巩固提升，南沙港区四期投入运营，深江高铁、狮子洋通道开工建设。

沿海经济带东西两翼海洋产业链韧性持续提升。紧抓大项目、大平台建设，绿色石化产业、海洋工程装备、海洋新能源产业呈现跨越式发展态势，成为拉动地区经济增长的重要动力引擎。临海石化产业加速向高端化、绿色化、上中下游一体化发展，茂名、湛江、揭阳等地产业集聚效应凸显，形成以油品加工和精细化工为主要产品、产业突出、技术先进、功能设施完善、具有低碳循环经济特色的石化基地。海上风电开发建设进一步走向规模化，上下游产业链集聚发展，逐步形成全产业链生态体系，产业竞争力持续增强。基础设施互联互通水平提质升级，推动粤东、粤西地区协同发展。

四、海洋科技创新取得新突破

海洋科技创新成果丰硕。2022年全省在海洋渔业、海洋可再生能源、海洋油气及矿产、海洋药物等领域专利公开数为19 375项[①]（图1-6）。实施省级促进经济高质量发展（海

[①] 数据来源于广东省知识产权公共信息综合服务平台。

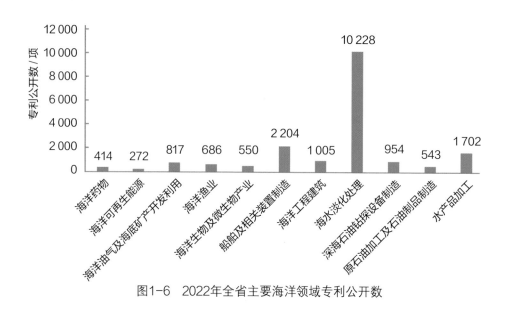

图1-6 2022年全省主要海洋领域专利公开数

洋经济发展）海洋六大产业专项和省重点领域研发计划"海洋高端装备制造及资源保护与利用"重点专项，形成了一批国际先进、国内领先的国产化技术和装备。2022年，获评2022年度海洋科学技术奖一等奖4项，二等奖8项；获评2022年度中国航海学会科技进步奖二等奖5项；获评2021年度广东省科学技术奖技术发明奖2项、科技进步奖7项（表1-1）。

表1-1 获评海洋相关奖项明细表

奖项	名称	等级/类别	数量
2022年度海洋科学技术奖	海洋经济贝类保活流通与高值化加工关键技术及应用、高性能无人艇浅水地形测量装备关键技术研发及产业化、海洋天然气水合物开采环境安全监测关键技术及应用、海工混凝土结构钢筋靶向长效阻锈关键技术	一等奖	4

（续表）

奖项	名称	等级/类别	数量
2022年度海洋科学技术奖	海洋ω3不饱和脂肪酸预防和改善抑郁和痴呆症的作用机制及产品研发、斑节对虾"南海2号"新品种培育及推广应用、广东典型海洋生态系统变化过程及应对策略研究、1400TEU双燃料集装箱船设计与建造、新型绿色节能Mini Cape散货船设计与建造、极地2150TEU集装箱船设计与建造、一万一千米载人潜水器水面支持保障系统改造工程、金钱鱼繁殖生物学及高效养殖技术研究与应用	二等奖	8
2022年度中国航海学会科技进步奖	极地2150TEU集装箱船设计与建造，超大尺度桥梁拱肋整体装船、浮运与配合安装关键技术研究及应用，海事通航管理信息服务平台关键技术研究及应用，城市河涌底泥污染原位治理及水环境提升关键技术研究，多尺度水上目标视觉感知关键技术研究及应用	二等奖	5
	动态表面海洋防污材料及配套防护技术、滨海重大基础设施可持续运维关键技术与应用	技术发明奖	2
2021年度广东省科学技术奖	海洋低温新型酶制剂在洗涤剂中的研究与应用、南海海洋环境实时分析与预报关键技术研发及应用、高效可靠自升式海上风电安装平台及其关键设备、滨江沿海大跨斜拉桥风振控制和腐蚀防护关键技术与应用、南海大型海藻多糖规模化提取和自组装关键技术及产业化应用、深远海网箱养殖工程关键技术及产业化应用、复杂海况500kV海缆带电智能检测系统关键技术研究与应用	科技进步奖	7

关键技术及应用取得新进展。自主培育的凡纳滨对虾"海茂1号""海兴农3号"水产新品种打破国外种源垄断，达国际先进水平。高体鰤人工育苗技术取得重大突破，解决了长期以来高体鰤养殖依赖野生苗的问题。全球首艘具有远程遥控和开阔水域自主航行功能的科考船母船"珠海云"号下水（图1-7）。全球最大的抗台风半直驱海上机组——MySE12MW机组正式下线，可用于全国98%的海域。我国自主设计建造的亚洲第一深水导管架"海基一号"正式投产，填补了国内超大型深水导管架设计建造的多项技术空白。自主研发的国产地波雷达在国际上首次突破了异型雷达组网关键技术，实现了海洋监测组网技术自主可控。

图1-7 全球首艘具有远程遥控和开阔水域自主航行
功能的科考船母船"珠海云"号
［南方海洋科学与工程广东省实验室（珠海）供图］

五、海洋产业与数字经济加速融合

数字技术赋能海洋产业升级。 5G网络应用向海延伸，服务渔船安全生产及海上牧场、海产养殖、交通运输、海上风电产业等应用场景创新。开发了由5G、云计算、物联网和"GPS+北斗定位"组成的数字渔船系统，有效提升渔业安全生产管理水平。投入使用智能池塘养殖系统，对水产养殖全过程进行数据采集和存储，并实施在线监测与智能控制，实现渔业领域全产业链数字化管控。全球首个江海铁多式联运全自动化码头——广州港南沙港区四期全自动化码头进入设备调试期。印发《广东省"十四五"智慧港口建设指导意见》。深圳妈湾智慧港全面应用远程5G智能检疫设备实施登临检疫，提高国际远洋船舶流通效率和港口运作效率（图1-8）。深圳盐田港实现华南首个前装5G设备的远控轮胎吊常态化商用，在"5G+智慧港口"创

图1-8 深圳妈湾智慧港

（深圳市前海深港现代服务业合作区管理局供图）

新应用方面取得新成果。完成对汕头中澎二海上风电场、大唐南澳勒门海上风电场、外罗风电场等区域的5G连片覆盖。

六、对全省高质量发展的支撑作用持续增强

（一）促进地区经济提质发展

海洋经济"引擎"作用持续发挥。2022年全省海洋生产总值增速高于地区生产总值增速1.84个百分点，海洋经济对地区经济增长的贡献率达到20.9%，拉动地区经济增长0.74个百分点，服务稳住经济大盘取得积极成效。"湾+带"联动优势逐渐显现，2022年沿海经济带创造了约占全省92.2%的经济总量，较2021年提升了0.44个百分点。海洋经济营商环境不断优化，涉海企业梯度培育体系持续完善，截至2022年底，全省沪深主板、创业板和科创板上市企业达140余家，全年全省新增海洋领域专精特新企业超200家[①]。全省涉海"四上"企业6 420家[②]。中国（广东）自由贸易试验区成立以来，累计落户外资企业超2.7万家，2022年实际利用外资70.18亿美元。

---

① 2022年全省新增海洋领域专精特新企业不包括深圳市的企业。
② "四上"企业是现阶段我国统计工作实践中对达到一定规模、资质或限额的法人单位的一种习惯称谓。包括规模以上工业、有资质的建筑业、限额以上批发和零售业、限额以上住宿和餐饮业、有开发经营活动的全部房地产开发经营业、规模以上服务业法人单位。

筑牢地区经济社会高质量发展的坚实基础。高效服务保障重大项目用海，2022年全省共审批用海203宗，批准用海面积10 939.99公顷，同比增长22.9%，其中巴斯夫（广东）一体化、惠州LNG①接收站等10宗重大项目用海获得国务院批准，面积1 372.13公顷。强化重点项目用砂保障，完成汕尾、揭阳4宗海砂项目挂牌出让，海砂储量共计1.39亿立方米。海水产品供应维护粮食安全大局，全年产量达459万吨，同比增长0.9%，蓝色粮仓建设稳步推进，截至2022年底，全省累计创建国家级海洋牧场示范区15个，为保障粮食安全做出积极贡献。阳江海陵岛成功试种海水稻，预计产量可达5 224千克/公顷，助力海岛土地提高利用率及增加粮食产量。能源保障更加安全有力，海洋天然气产量为124.4亿立方米；海洋原油产量为1 884.6万吨，同比增长8.0%；全省风力发电量为273.8亿千瓦时，同比增长111.8%；核能发电量为1 148.6亿千瓦时，居全国首位。

（二）助力全省打造新发展格局战略支点

完善内联外接的立体交通体系。2022年，广东加快沿海港口疏港铁路建设，积极发展铁水联运和江海联运，港口集疏运能力不断增强。广湛高铁、广汕汕高铁、粤东城

---

① LNG为液化天然气。

际铁路、深中通道等重大项目开工建设，广州南沙、深圳盐田港区建设稳步推进。2022年，全省沿海港口货物吞吐量为175 517万吨，集装箱吞吐量为6 490万标准箱，稳居全国首位。全省港口累计开通国际集装箱班轮航线496条。完成集装箱铁水联运量67.8万标准箱，其中广州港、深圳港集装箱海铁联运量为59.7万标准箱，同比增长14.5%。共开行中欧、中亚、东南亚等方向国际货运班列965列，同比增长123.9%。

深化合作共赢的蓝色伙伴关系。广东提出加快优化对外开放布局，打好外贸、外资、外经、外包、外智"五外联动"组合拳。2022年，广东对"一带一路"沿线国家进出口总额约2.25万亿元，同比增长10.3%，位居全国前列。广东与《区域全面经济伙伴关系协定》（RCEP）成员国家进出口总额为2.4万亿元，同比增长3.8%，占同期全省外贸总额的29.2%。全省已缔结国际友好港口89对，其中与"一带一路"沿线国家港口结对50对。2022年中国（广东）自由贸易试验区进出口总额5 351亿元，同比增长27.8%。

（三）筑牢蓝色生态安全屏障

高位统筹海洋生态保护。《中共广东省委关于深入推进绿美广东生态建设的决定》审议通过，形成了下一阶段广东生态文明建设的总体部署和行动方案。印发《广东省碳达峰

实施方案》，提出巩固提升湿地碳汇能力、大力发掘海洋碳
汇潜力等重点任务。科学开展红树林湿地生态保护修复，截
至2022年底，14个沿海城市已建有国际重要湿地4处、国家
重要湿地2处、广东省重要湿地7处，建设国家湿地公园13处
（图1-9）。2022年全省地表水水质创近年来最好水平，国
考断面水质优良率达92.6%，并全面消除劣Ⅴ类断面，超额
完成国家年度考核目标。

图1-9　广东阳东寿长河红树林国家湿地公园
　　　　（阳江市自然资源局供图）

高效推进碳达峰、碳中和。2022年，全省风力发电量为273.8亿千瓦时，相当于替代煤炭消费约833万吨标准煤，减少二氧化碳排放约2 214万吨。粤港澳大湾区单体连片规模最大的广东台山海宴镇500兆瓦渔业光伏发电项目投产，2022年提供约4.0亿千瓦时清洁电能（图1-10）。揭阳前詹海上神泉风电场启动打造国内首个深远海的千亿元级绿色碳汇产业基地，计划三年内达到中高端贝藻浮筏养殖面积100公顷以上，底播养殖1 000公顷以上，创建集"海上风电、海洋牧场、海洋碳汇、海洋生态保护修复"于一体的"四海融合"发展模式。2020—2022年，全省共计新营造红树林面积1 219公顷，为实现"双碳"目标发挥积极作用。

图1-10　广东台山海宴镇500兆瓦渔业光伏发电项目
（广东江门恒光新能源有限公司供图）

第二节 ▶ 主要海洋产业发展概况

一、保障能源、食品和水资源安全的海洋产业稳步发展

海洋电力业。2022年，全省海洋电力业增加值为64.9亿元，同比增长44.2%。新增海上风电装机容量140万千瓦，累计建成投产装机容量约791万千瓦（图1-11），占全国海上风电装机容量的26%，居全国第二；新增完成投资约236亿元，累计完成投资约1 610亿元；项目年发电量约157亿千瓦时，同比增长302.6%。

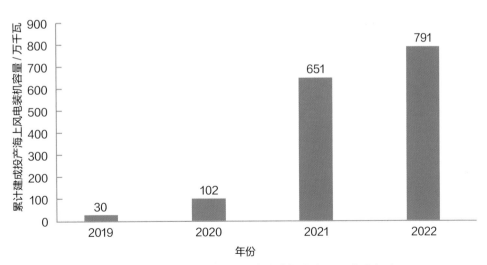

图1-11　2019—2022年全省累计建成投产海上风电装机容量

海洋油气业。2022年，全省海洋油气业增加值为1 110.6亿元，同比增长69.1%。海洋原油、天然气产量分别为1 884.6万吨和124.4亿立方米，同比增长8.0%和下降6.1%（图1-12、图1-13）。南海东部油田年产油气首次突破2 000万吨油当量，较2021年增产超过220万吨油当量，其中，深水油气产量超过920万吨油当量，占总产量的46%。海上油田不断向智能化、无人化、绿色化发展，由亚洲最大的海上石油生产平台恩平15-1、珠江口盆地首个新建无人平台恩平10-2、国内首套海上二氧化碳封存装置等构成的恩平15-1油田群正式投产。国内首个自营深水油田群——流花16-2油田群LPG（液化石油气）原油日产量突破500立方米，居南海油田群首位。

海洋化工业。2022年，全省海洋化工业增加值为706.9亿元，同比增长5.3%。重量级大项目助力世界级绿色石化产

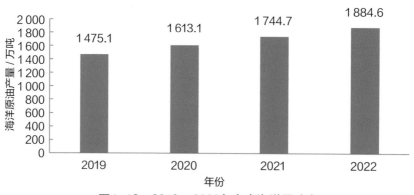

图1-12　2019—2022年全省海洋原油产量

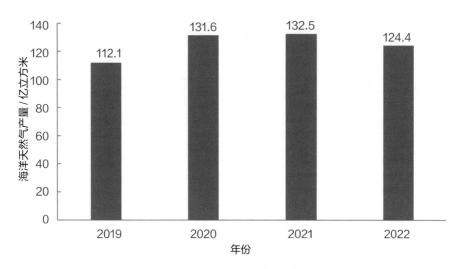

图1-13　2019—2022年全省海洋天然气产量

业集群加速崛起，国内重化工领域首个外商独资项目、总投资100亿欧元的巴斯夫（广东）一体化基地项目全面建设，首套装置投产；恒力石化（惠州）PTA项目220kV恒力站投运，埃克森美孚惠州乙烯一期项目生产装置进入全面建设阶段，茂名烷烃资源综合利用项目一期建成试车。

海洋渔业。2022年，全省海洋渔业增加值为538.1亿元，同比增长0.9%。全省海水产品产量为458.4万吨，同比增长0.7%，其中，海水养殖产量为339.67万吨，同比增长1.0%；海洋捕捞产量为112.42万吨，远洋捕捞产量为6.3万吨（图1-14）。海水鱼苗量为73.92亿尾，海洋水产品加工总量为152万吨。养护型国家级海洋牧场数量居全国首位，

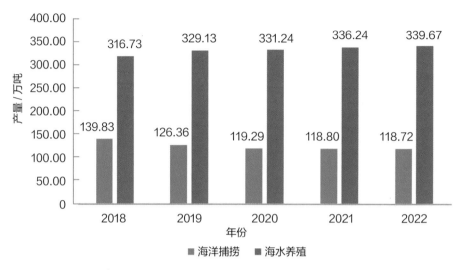

图1-14 2018—2022年全省海洋捕捞和海水养殖产量

国内首个珊瑚主题国家级海洋牧场开建。国内最大、种类最齐全的珊瑚种质资源库开建。粤港澳大湾区首个国家级渔港经济区试点——广州市番禺区渔港经济区揭牌。

海洋水产品加工业。2022年，全省海洋水产品加工业增加值为63亿元，同比增长0.8%。成功举办首届中国年鱼博览会和第二十届南海（阳江）开渔节。湛江成立全国首个预制食品研究院，获评"中国水产预制菜之都"。

海水淡化与综合利用业。2022年，全省海水淡化与综合利用业增加值为87.4亿元，同比下降4.6%。

海洋矿业。2022年，全省海洋矿业增加值为4.9亿元，同比增长4.3%。汕尾市红海湾施公寮海域成功出让三处海砂开采海域使用权和采矿权，可采海砂资源量8 296.44万立方米。揭阳市惠来县靖海湾东南侧海域成功出让海砂开采海域使用权和采矿权，可采原矿资源量3 009.65万立方米。

海洋盐业。 2022年，全省海洋盐业增加值为0.1亿元，同比下降66.7%。省盐业集团下属盐场（包括徐闻盐场和雷州盐场）全年海盐生产面积为5.2平方千米（图1-15），同比减少45.4%；海盐产量为1.2万吨，同比减少73.6%；海洋盐业产值为2 061.5万元。

图1-15　湛江徐闻盐场海盐生产
（广东省盐业集团有限公司供图）

二、海洋优势产业提质增效

海洋船舶工业。2022年，全省海洋船舶工业增加值为55.3亿元，同比增长10.6%。全省造船完工量为249.9万载重吨（图1-16），同比增长7.7%，增幅高于全国水平12.3个百分点；新承接船舶订单量为217.6万载重吨，同比下降54.5%；手持船舶订单量为769.9万载重吨，同比下降6.0%；民用钢质船舶产量为82.6万载重吨，同比增长15.1%。全球首艘苏伊士型LNG双燃料动力油船"GREENWAY"号、国内首艘甲醇双燃料5万吨级化学品/成品油船等重点产品交付。我国自主设计建造的首艘面向深海万米钻探的超深水科考船——大洋钻探船实现主船体贯通。

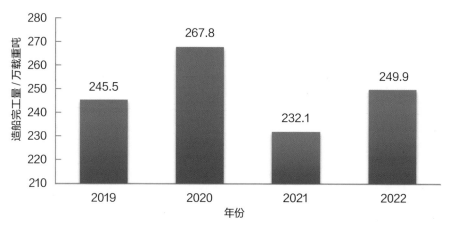

图1-16 2019—2022年全省造船完工量

海洋工程装备制造业。2022年，全省海洋工程装备制造业增加值为77.9亿元，同比增长4.3%。全球首艘具有远程遥控和开阔水域自主航行功能的科考船母船"珠海云"号下水。全球最深吸力筒式海上风电项目34套导管架全部交付。全国首艘2 000吨级海上风电安装平台——"白鹤滩"号交付投运。半潜式深远海智能养殖旅游平台"普盛海洋牧场1号"完成交付，大型深远海养殖平台"湾区横洲号"投入使用。

海洋交通运输业。2022年，全省海洋交通运输业增加值1 045亿元，同比增长0.9%。截至2022年底，全省共拥有生产用泊位2 039个，其中万吨级以上泊位368个。沿海港口完成货物吞吐量17.55亿吨，同比下降3.4%，其中，外贸货物吞吐量为6.33亿吨，同比下降4.3%；集装箱吞吐量为6 490万标准箱，同比增长1.0%（图1-17）。

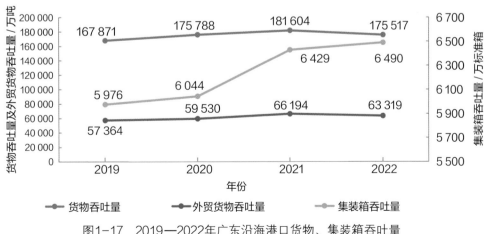

图1-17　2019—2022年广东沿海港口货物、集装箱吞吐量

　　海洋旅游业。2022年，全省海洋旅游业增加值为2 599.4亿元，同比下降4.2%。全省14个沿海城市旅游接待人次数3.43亿人次，同比下降6.5%。全省现有滨海（海岛）类A级旅游景区35家。全国首个以"公益＋旅游"模式开发的无居民海岛——三角岛一期部分项目试运营，定位为国际音乐休闲岛，配套接待酒店、研学设施、音乐文化社群等。广州、江门、阳江、汕头、湛江、潮州、惠州、茂名、佛山9个地市加入"海上丝绸之路保护和联合申报世界文化遗产城市联盟"。珠海、江门等地与澳门的旅游业界签订旅游业务合作框架协议，结成旅游推广战略合作伙伴。成功举办2022广东国际旅游产业博览会。

　　海洋工程建筑业。2022年，全省海洋工程建筑业增加值为65亿元，同比增长1.6%。全省在建、新建的跨海桥梁、港口航道、海湾隧道、滨海公路等重点海洋工程建筑项目建设加快（图1-18）。狮子洋通道、广州港南沙港区国际通用码头工程、深圳港西部港区出海航道二期工程、盐田港东作业区码头一期工程和茂名港博贺新港区30万吨级原油码头工程加速推进。珠海港高栏港区国能散货码头工程，揭阳港惠来沿海港区南海作业区2号港池通用码头、LPG码头和液体散货码头等项目开工。

图1-18　汕头市海湾隧道建成通车
（柯良斌供图）

三、海洋新兴和前沿产业快速增长

海洋电子信息产业。 深海探测技术装备自主研发取得新突破，近海底面移动探测系统"海蜇号"海试成功，标志着我国海底原位保真取样技术迈向国际一流（图1-19）。"空天海潜地"立体综合探测技术装备体系更加完善，初步形成了由"海马号"深潜器、海底大孔深保压钻机、海底长期观测装备和多套近海底测量系统构建的深海立体高精度探测技术体系。建成国内首座环保、水利共建浮台式水质自动监测站。国内首个海上应用5G通信专网建设项目——万山海上测

图1-19 "海蜇号"近海底面移动探测系统
（广州海洋地质调查局供图）

试场5G通信专网建设项目启动。国家海洋科学数据中心粤港澳大湾区分中心启动建设。深圳海洋电子信息创新研究院挂牌成立，助力电子信息技术与传统海洋科技深度融合。

海洋药物和生物制品业。2022年，全省海洋药物和生物制品业增加值为67.8亿元，同比增长16.9%。重点领域科研成果显著，发表全球首个南方蓝鳍金枪鱼基因组图谱，为金枪鱼的遗传研究、种质资源保护等奠定了坚实的大数据基础；在海马降血压肽多组学研究、海洋微生物氧杂蒽酮生物合成研究、深海链霉菌来源的高效底盘细胞构建等方面取得新进展。2022深海科技创新发展论坛系列活动——海洋生物医药创新合作和发展论坛成功举办。

天然气水合物。天然气水合物勘查开发国家工程研究中心落户，成为深海资源领域首个国家工程研究中心。天然气水合物领域生产储运关键技术实现突破。自主研制的天然气水合物保温保压取样装备海试成功，为国际上首次获得保温保压的天然气水合物原位保真样本。低场核磁表征泥质粉砂型水合物孔隙演化研究、安全高效开采泥质粉砂型天然气水合物取得新进展。

海洋公共服务产业。2022年，海洋领域IPO（首次公开募股）保持稳步发展态势，8家海洋领域IPO企业完成上市，占全省IPO企业的12.3%，融资规模达79.55亿元。政策性开发性金融工具支持港航项目建设取得重大进展，2022年新开工港航基金项目15个，总投资383亿元，签约金额26.9亿元。截至2022年底，全国首个线上航运保险要素交易平台已进驻3家保险机构，完成线上交易保单3 305单，累计实现保费约1.2亿元，风险保障金额约347.1亿元。2022年，广州航运交易所船舶交易736艘，交易额达23.88亿元。广东首笔海洋碳汇预期收益权质押贷款落地。

<<< 第二章

2022年广东海洋经济重点工作情况

第一节 ▶ 强化顶层设计

一、高起点谋划新时期海洋强省建设

广东省委、省政府出台了全面建设海洋强省意见等政策文件，部署新时期全面建设海洋强省工作。形成《海洋强省建设三年行动方案（2023—2025年）》。印发《广东省海洋经济发展"十四五"规划分工方案》。加强省海洋经济高质量发展示范区和现代海洋城市建设谋划，启动《海洋经济高质量发展示范区建设方案》《广东省现代海洋城市建设方案》编制工作，探索广东海洋经济高质量发展模式与实现路径。

二、高标准推进海洋经济高质量发展

以横琴、前海、南沙三个粤港澳全面合作重大平台为牵引，纵深推进粤港澳大湾区建设。持续推进深港·海洋总部经济产业生态园、明珠科学园、横琴科学城等重点涉海产业园区建设，促进海洋工程装备、海洋电子信息、海洋高端服务、海洋生物等海洋新兴产业集聚，打造发展新平台。扎实推进《广州南沙深化面向世界的粤港澳全面合作总体方案》落地落实，打造我国南方海洋科技创新中心，强化国际航运枢纽功能，支持粤港澳三地在南沙携手共建大湾区航运联合交易中心。

第二节 ▶ 推动海洋科技创新

一、加速推进海洋科技创新平台建设

加快构建全省"实验室+科普基地+协同创新中心+企业联盟"四位一体的自然资源科技协同创新体系。截至2022年底，省级以上涉海科技创新平台[①]包括省实验室1个（含广州、珠海、湛江3家实体）、省重点实验室11个（含省企业重点实验室2个）、省级工程技术研究中心41个、省海洋科技协同创新中心1个。中国水产科学研究院珠江水产研究所、广东海上丝绸之路博物馆、广东海洋大学水生生物博物馆等9个涉海单位入选2021—2025年全国第一批科普教育基地。天然气水合物勘查开发国家工程研究中心、国家耐盐碱水稻技术创新中心华南中心揭牌成立。香港科技大学（广州）正式运行。

二、推动部省共建国家海洋综合试验场（珠海）

自然资源部与广东省人民政府共同签署《自然资源

[①] 海洋领域国家级重点实验室尚未完成重组，暂无相关数据。

部 广东省人民政府共建国家海洋综合试验场（珠海）协议》，国家海洋综合试验场（珠海）（以下简称试验场）正式落户（图2-1）。试验场将围绕粤港澳大湾区海洋产业发展需求，服务海洋强国和广东海洋强省建设。广东省自然资源厅联合珠海市人民政府成立筹建试验场工作专班，编制《国家海洋综合试验场（珠海）总体建设方案》，大力推进试验场筹建工作。

图2-1 《自然资源部 广东省人民政府共建国家海洋综合试验场（珠海）协议》
签署仪式
（广东省自然资源厅供图）

三、加快建设南方海洋科学与工程广东省实验室

南方海洋科学与工程广东省实验室（广州）2022年牵头获批的国家级科研项目9项，其中国家重点研发计划项目2项。突破深海海水多序列保真取样关键技术，成功试验国

际首套"升"级多序列保真采水-多级过滤-长周期培养一体化装置（图2-2）；率先多维度揭示海洋动物多样性分布格局，为制订全球海洋生物多样性保护目标提供支撑。联合组建规模10亿元的"广东海洋科技创新发展基金"，助力研究成果转移转化。启动建设广东省海洋生态环境遥感中心，致力于打造全方位、立体化的生态环境监测监控体系。2022年获得授权专利114项，出版专著3部，获得国家级科技奖励2项。

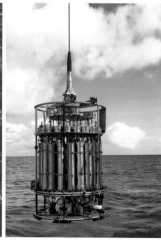

图2-2 多序列保真采水-多级过滤-长周期培养一体化装置现场作业场景［南方海洋科学与工程广东省实验室（广州）供图］

南方海洋科学与工程广东省实验室（珠海）2022年获批国家级科研项目12项，获批建设"伶仃洋海洋牧场野外科学观测研究站"。在新一代超高分辨率地球系统模式、海陆气相互作用机理与极端灾害预警预测、面向南海安全的海洋智能立体观测体系与装备（图2-3）、凡纳滨对虾健康养殖关键技术创新与应用示范、岛礁工程智能化建造运维技术及装备、基于海洋生态系统的粤港澳大湾区决策支撑6个方面取得的代表性成果均达到国际先进、国内领先水平。全球首艘智能型无人系统母船"珠海云"号获"开阔水域自主航行船舶"入级证书。成功完成国内首次载人深潜实海挂片试验。2022年获得授权专利27项、软件著作权2项，出版专著9部，获得省级及以上科技奖励4项。

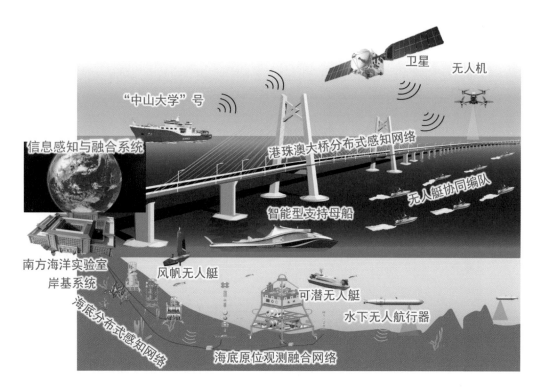

图2-3　面向南海安全的海洋智能立体观测体系与装备
［南方海洋科学与工程广东省实验室（珠海）供图］

南方海洋科学与工程广东省实验室（湛江）建成国内首套50千瓦级海洋温差能发电系统及实验测试平台，突破了深远海适养鱼类高体鰤人工繁殖技术。揭牌成立红树林保护研究中心。完成漂浮动力定位养殖平台"湛江湾一号"（图2-4）和全潜高抗台式养殖平台"海塔一号"设计方案，其中，"湛江湾一号"已布局选址、建造、运营等工作。完成12万立方米水体南海大型游弋式养殖平台技术方案，获得中国船级社原理性认证。2022年申请专利47项，获得授权专利18项。

图2-4 漂浮动力定位养殖平台"湛江湾一号"效果图
［南方海洋科学与工程广东省实验室（湛江）供图］

四、支持海洋六大产业创新发展

2022年省级促进经济高质量发展专项（海洋经济发展）资金为2.95亿元，资金用于支持海洋电子信息、海上风电、海洋工程装备、海洋生物、天然气水合物、海洋公共服务等产业的36个项目关键核心技术攻关。2022年已验收项目申请专利161项，获得软件著作权授权33项（表2-1）。

表2-1　2022年省级促进经济高质量发展专项（海洋经济发展）项目情况

产业类别	项目 / 个	已验收的项目申请专利 / 项	软件著作权授权 / 项
海洋电子信息	6	26	1
海上风电	6	35	12
海洋工程装备	6	24	0
海洋生物	8	38	0
天然气水合物	4	25	6
海洋公共服务	6	13	14
合计	36	161	33

第三节 ▷ 深化海洋资源开发利用

一、完善海洋管理法规制度体系

深化海洋领域改革创新，研究制定推进海域立体分层设权的政策文件，组织深圳、珠海、江门开展海域使用权立体分层设权试点；探索推动养殖用海海域使用权市场化配置，组织汕头、江门、湛江开展养殖用海市场化出让试点。加强海岸带、海域海岛保护利用，开展广东省海岸带综合保护与利用规划编修工作，加快推进《广东省海岛保护条例》立法。探索制订海岸建筑退缩线管理办法。不断完善海岸线占补政策体系，印发《生态恢复岸线验收办法》，研究起草《海岸线占补指标交易办法》；探索完善海岸线生态价值实现路径，印发《海岸线占补试点工作方案》，选取广州、汕尾等5市开展海岸线占补分类试点。

二、加强海域海岛精细化管理

全力做好重大项目用海服务支撑，2022年全省共审批用海203宗，批准用海面积10 939.99公顷，同比增长22.9%。

探索开展无居民海岛使用权市场化出让试点，完成珠海市牛头岛部分无居民海岛使用权挂牌出让，出让面积（自然形态表面积）约56.3万平方米，成交价格4.5亿元。完成4宗海砂项目挂牌出让，海砂储量共计1.39亿立方米，出让收益合计72.7亿元。全省养殖用海调查工作全面完成，累计核查围海养殖图斑19 078个，开放式养殖图斑4 101个。

推动和美海岛创建工作（图2-5），加强无居民海岛监视监测能力建设，在全省开展领海基点所在海岛巡查工作及无居民海岛历史遗留问题处置工作。加快推进"三岛一基地"示范项目建设，其中龟龄岛生态修复试点已全面完成并

图2-5　珠海桂山岛推动和美海岛建设
　　　（珠海市自然资源局供图）

验收，三角岛"公益+旅游"开发利用试点取得显著成效，放鸡岛"法前用岛"历史遗留问题处置试点取得初步进展，石碑山角领海基点海权教育基地基本完成建设。

三、推进围填海历史遗留问题处置

开展围填海历史遗留问题处理提速行动，2022年向自然资源部新增报送30个"未批已填"区域围填海历史遗留问题处置方案备案材料，同比增长750%，其中19个区域获批备案，同比增长375%；印发《广东省已批准但尚未完成围填海项目处置方案》，有序推进已批准但尚未完成围填海项目处置工作；按照"全覆盖，无死角"的原则，初步完成"两线之间"（新修测海岸线与原有海岸线）图斑划定工作。

四、强化海洋执法监管

2022年，核查海域海岛使用疑点疑区图斑155个、用海疑点疑区268宗，查处违法用海案件53宗；加强海上执法巡查，保障巴斯夫（广东）一体化基地、深中通道、黄茅海跨海通道等重大项目顺利建设；广东省生态环境厅等四部门联合开展近岸海域污染防治行动，检查海洋工程1 805个次、船舶25 131艘次、入海排污口803个次；组织开展"碧海"

行动，查处违法开采海砂、非法倾废等破坏海洋环境案件52宗，加强海域执法监管，配合开展打击行动，严防非法洗砂洗泥向海域转移。

全年查获涉渔违法案件5 335宗，有效维护海上渔船生产秩序；全省查处违法休渔制度案件2 210宗，查获涉走私案件169宗、冻品11 570吨；查获非法改装渔船257艘、非法载客270人；查扣涉渔"三无"船舶3 110艘，销毁2 150艘；查获涉嫌违规渔船74艘，召回跨海区生产渔船212艘；开展粤闽、粤桂琼、粤港澳联合巡航执法行动，查获跨界涉嫌违规渔船72艘。

第四节 ▸ 推进海洋生态建设

一、稳步夯实海洋生态保护基底

截至2022年底，全省各级涉海自然保护区共计87个，保护面积达4 950公顷，其中已批准建立的国家级海洋自然保护区7个；建成国家级海洋公园6个，数量和面积均居全国首位。2022年，省级财政下达2.7亿元专项资金支持红树林保护修复、重点海湾整治、海岸线生态修复、矿山地质环境恢复治理等。湛江海洋生态保护修复项目获得中央补助资金2.5亿元。积极推进深圳前海、珠海横琴、汕头南澳以及中山翠亨、神湾等第一批"碳达峰""碳中和"试点示范建设，探索打造"双碳"样板，推动海洋生态价值实现、绿色低碳转型和海洋新能源产业发展。

二、大力推进红树林保护修复

贯彻落实《广东省红树林保护修复专项行动计划实施方案》，积极开展红树林营造和修复工作，投入省级资金1.4亿元用于湛江、江门、广州、茂名等沿海城市的红树林保护修复工作。印发《广东省红树林生态修复技术指南》《广东省红树林保护修复完成情况省级核查工作指引（试行）》，推动红树林生态修复任务落地。创新性地提出创建万亩[①]级红树林示范区，并安排资金支持湛江雷州、江门台山率先开展万亩级红树林示范区创建工作。自《红树林保护修复专项行动计划（2020—2025年）》实施以来，截至2022年底，全省新营造红树林1 219公顷，修复红树林321.6公顷，其中惠州超额完成红树林营造任务，成为省内首个获得省级红树林造林奖励新增建设用地计划指标的地市，惠州、东莞红树林修复任务完成率均超50%。开展红树林蓝碳增汇量调查监测与试点评估工作，探索形成适用于全省红树林碳汇能力调查监测、评估与核算的方法体系以及红树林碳汇项目开发指引。湛江加快建设海洋碳中和试点城市，打造"红树林之城"，出台实施全国首份金融支持红树林生态保护文件——《关于金融支持湛江建设"红树林之城"的指导意见》。阳江建成首个"国字号"河流型红树林湿地公园——阳东寿长河红树林国家湿地公园。

三、全力打造滨海绿美景观带

重点推动生态化海堤、滨海湿地、魅力沙滩、美丽海

---

① 亩为非法定计量单位，1亩=0.067公顷。

湾、活力人居海岸线建设工程。截至2022年底，全省已建成海堤4 409千米，海堤达标率为62%；2022年完成海堤建设235千米，其中，完成达标加固长度219千米，新建海堤15.8千米，共投入建设资金38.4亿元。截至2022年底，省内14个沿海城市已建有国际重要湿地4处、国家重要湿地2处、广东省重要湿地7处，建设国家湿地公园13处。2021—2022年，省级财政投入资金3亿元支持沿海城市开展8个美丽海湾建设项目。2022年生态环境部公布的全国首批8个美丽海湾优秀案例中，汕头青澳湾、深圳大鹏湾分别荣获2021年优秀案例和提名案例。海岸带保护与利用综合示范区建设取得阶段性成效，汕头、东莞的两个省级海岸带保护与利用综合示范区完成验收。2022年，全省整治修复海岸线累计长度为5.7千米（含岛岸线）。

四、着力推进近岸海域污染治理

全面启动海水养殖污染治理，印发实施《加强海水养殖生态环境监管实施方案》，开展全省陆基海水养殖污染情况摸查和现场调研，探索推广"三池两坝"等海水养殖尾水治理技术。深化船舶水污染物治理，2022年，全省沿海码头船舶生活垃圾接收量为5 368吨，生活污水接收量为3.8万立方米，含油污水接收量为39.8万立方米；共开展港口船舶水污

染物专项整治行动56次。深化入海河流污染治理，全省149
个地表水国考断面水质优良比例为92.6%，全面消除劣Ⅴ类
断面，超额完成国家年度考核目标，水环境质量实现连续两
年达"优"；近岸海域水质优良面积比例为89.7%，连续三
年保持在90%左右，为"十三五"以来最好水平。

五、全面推进珠江口邻近海域综合治理工作

印发实施《珠江口邻近海域综合治理攻坚实施方案》，
坚持河海联动，积极推进珠江口海域魅力海湾建设。实施
"一河一策"、挂图作战、专班督导、会商研判，扎实推进
珠江全流域系统治污工作，有效降低河流入海污染负荷。
2022年珠江口12个国控河流入海断面中，有11个断面水质为
优良，茅洲河、前山河沿海城市区域内国控河流入海断面总
氮比2020年分别下降17%和10%。

第五节 ▶ 强化海洋防灾减灾

一、全力做好海洋灾害防御工作

2022年，全省共发布海浪警报80期、风暴潮警报25期、海洋生态监测预警专报3期、赤潮监测预警专报21期，成功应对5次风暴潮灾害和10次灾害性海浪的影响。全省海域范围内未发生重大海洋灾害。全年累计响应1 272小时，累计投入抢险救援人员74.4万人，历史上第一次启动防汛Ⅰ级应急响应，成功防御历史性"龙舟水"和北江流域超百年一遇特大洪水。建立粤闽桂琼四省区海上渔船防台风协同机制，进一步提升海上渔船风险防控和应急处置能力。严格落实渔业防台"3个100%"要求，成功组织防御台风9个，组织渔船回港避风87 559艘次、渔排养殖人员上岸避风62 526人次。开展2022年度广东省地质与海洋灾害综合防御演练，检验并提升了省、市、县三级自然资源主管部门地质与海洋灾害防御指挥能力。

二、不断提升海洋预警监测能力

印发《广东省海洋观测网"十四五"规划》《关于建立健全全省海洋生态预警监测体系的通知》《广东省赤潮灾害应急预

案》，推进建设符合广东省情的海洋生态预警监测和防灾减灾体系。顺利完成广东省第一次海洋灾害综合风险普查主体任务，建立全省海洋灾害风险数据库，形成全省海洋灾害防治区划和防治建议。创建南海动态感知预警平台，通过融合高分遥感、岸基雷达、海底观测影像、海底浅层调查监测等多源数据，实现对海南岛周边及南海油气勘探开发、岛礁建设、渔业等活动的动态监控。首次将"无人船+被动声学监测"技术应用到中华白海豚种群调查中，有效提高了监测效率。国内首批具备全天候海上浮标作业能力的海洋综合科考船"向阳红31"号完成首航任务。

三、开展海洋防灾减灾宣传教育活动

发布《2021年广东省海洋灾害公报》，不断增强公众的海洋防灾减灾意识。创新性举办"防灾减灾日""防灾减灾进校园"等活动，开展渔业安全普法、安全咨询和应急演练等活动，提高从业人员的安全生产意识、提高其突发事件应对处置水平和自救互救技能。珠海市开展2022年防商渔船碰撞应急救援演练，充分检验多部门协同开展商渔船碰撞应急救援的能力，以及应用无人机、水面救生机器人等高科技装备开展海上应急搜救的能力。阳江市开展安全宣传暨应急普法上渔船活动，向渔民派发安全知识手册，普及宣传商渔船碰撞典型案例、渔业安全法律法规等安全知识。

第六节 ▶ 提升海洋经济管理决策水平

一、建成海洋经济运行监测与评估常态化工作机制

健全海洋经济调查指标体系，印发《广东省海洋经济统计调查制度》。首次将佛山市纳入省海洋经济运行监测与评估范围。持续更新完善全省海洋经济活动单位名录库，开展海洋经济运行常态化监测，高位推进海洋经济数据治理。深入实施重点涉海企业联系制度。初步建立政银企合作机制，促成企业蓝色知识产权质押融资，为企业拓宽融资渠道。

二、有序开展海洋生产总值核算

完善海洋经济核算体系，推动沿海城市市级海洋生产总值核算工作常规化，探索开展部分区（县）级海洋生产总值核算。完成2019—2021年全省14个沿海城市及7个非沿海地市的海洋生产总值核算工作。深圳在全国率先开展海洋经济高质量发展监测评估核算试点工作，完善海洋生产总值核算基础数据采集机制，推动涉海就业人员测算方法研究。

三、持续推进海洋信息化建设

全面构建"一套标准、一张图、一张网、一个平台、N个应用"海洋信息化新格局，实现数据汇集与统一管理。在全国率先启动省级近海海底基础数据调查，是全国首个由省级部署开展的管辖海域大比例尺海底地形地貌调查，为打造广东海洋大数据"一张图"夯实数据基础。

第七节 ▶ 成功举办2022中国海洋经济博览会

2022中国海洋经济博览会（简称"海博会"）在深圳市成功举办（图2-6），自然资源部副部长、国家海洋局局长王宏，自然资源部总工程师张占海，广东省委副书记、深圳市委书记孟凡利，广东省委常委、广东省常务副省长张虎，

图2-6 深圳成功举办2022中国海洋经济博览会
（深圳市规划和自然资源局供图）

深圳市委副书记、深圳市市长覃伟中共同启动开幕。本届海博会以"科创赋能，共享深蓝"为主题，举办系列论坛、项目路演、推介、商洽等活动，成为展示中国海洋经济发展成就的重要窗口和促进世界沿海国家在海洋经济领域合作共享的重要平台。

本届海博会举办了1场全球海洋中心城市论坛及22场专业论坛，为推动海洋科技关键核心技术突破与海洋经济高质量发展建言献策；设置海洋港口与航运、海洋油气与矿产资源开发、海洋电子信息、海洋工程与环保等七大板块应用场景，吸引了1 000多家国内外展商参与、7 000多个展品在线上线下参展，深水半潜式钻井平台"蓝鲸1号"、十万吨级深水半潜式生产储油平台"深海一号"能源站、四千吨级大洋综合资源调查船"大洋号"、大型灭火/水上救援水陆两栖飞机"鲲龙"AG600等"大国重器"集中亮相。本届海博会达成签约及意向合作420余项、金额193亿元。

<<< 第三章

2022年广东地市海洋经济发展情况

第一节 ▶ 珠三角地区

一、广州

强化海洋强市发展政策保障。 国务院印发《广州南沙深化面向世界的粤港澳全面合作总体方案》，赋予广州新的重大机遇、重大使命。实施《广州市海洋经济发展"十四五"规划》，明确提出到2025年打造海洋创新发展之都、推动南沙建设南方海洋科技创新中心的发展目标，构建"一带双核多集群"的海洋经济发展空间布局。出台《广州市海洋生态环境保护"十四五"规划》《广州市2022年近岸海域污染防治工作计划》《珠江口邻近海域综合治理攻坚实施方案》，编制完成全面建设海洋强市有关文件，进一步完善了广州海洋事业发展的政策体系。

深海领域重大科技基础设施群加快建设。 冷泉生态系统大科学装置进入国家可研立项阶段。超深水科考船——大洋钻探船实现主船体贯通，标志着我国深海探测领域重大装备建设迈出关键一步。我国首座深水科考、国内规模最大的科考专用码头以及世界一流的大洋钻探岩心库正式启用。多功能新型科考船"海洋地质二号"在南沙入列（图3-1），深海开发利用基础设施进一步完善。

图3-1　"海洋地质二号"多功能新型科考船
（广州海洋地质调查局供图）

国际航运枢纽能级不断提升。2022年，广州港完成货物吞吐量6.56亿吨，同比增长0.71%；完成集装箱吞吐量2 486万标准箱，同比增长1.60%，位列全球第六，集装箱班轮航线快速发展至260条；开通海铁联运班列35条，海铁联运量达25.2万标准箱，同比增长61%。全港海铁联运班列业务辐射全国9个省（直辖市）、42个地级市，持续保持国内最大内贸集装箱运输港口和最大粮食中转港地位。广州港国际友好港数量达54个，位居全国第一。南沙港区已建成16个集装箱深水泊位，集装箱吞吐量居世界集装箱单一港区前列。全国最大临港仓库群——南沙国际物流中心一期基本建成。广州港环大虎岛公用航道工程投入试运行。

海洋金融服务提质增效。广州航运交易所发展成为华南地区最大的船舶资产交易服务平台，交易额达231.72亿元。广州航运供应链金融服务平台累计为珠三角地区近百家企业提供航运金融服务，融资金额达6.97亿元。广州南沙落地首笔国际航行船舶保税油进口结算业务。2022年，共有3家航运企业成功发行债券融资，累计发行规模达60亿元。成立总规模达50亿元的政策性产业引导基金，重点投向现代航运物流、服务、金融等方向，有力支撑海洋实体经济发展。

海洋生态文明建设成效凸显。完成番禺区海鸥岛红树林海岸升级改造与生态修复项目，修复海岸线长度3 910米，新种红树林面积6.41公顷，修复现有红树林面积6.78公顷。2022年，3条入海河流断面水质全部达到优良。

二、深圳

稳步推进全球海洋中心城市建设。出台《深圳市海洋经济发展"十四五"规划》，明确提出打造国内国际双循环战略支点，打造全国海洋经济高质量发展引领区、全球海洋科技创新高地，努力创建竞争力、创新力、影响力卓越的全球海洋中心城市和社会主义海洋强国战略的城市范例。印发《深圳市培育发展海洋产业集群行动计划（2022—2025年）》，编制《深圳市海洋发展规划（2023—2035年）》，为海洋经济高质量发展提供政策支撑。

海洋创新载体加速落地。截至2022年底，累计建有涉海创新载体74个，其中国家级4个、省级22个。深圳大学成立海洋信息系统研究中心，启动共建大鹏新区海洋研究院。清华大学深圳国际研究生院海洋生态与人因测评技术创新中心获自然资源部批准建设。海洋大学、深海科考中心、海洋博物馆一体化建设持续推进。深圳市海洋活性物质工程研究中心获批组建。西丽湖国际科教城海洋产业仪器共享服务平台公共开放航次完成首航。

海洋油气业加速发展。陆丰油田群区域开发项目、恩平15-1油田群开发项目和陆丰22-1油田等海洋油气重大产能项目不断投产，油气产量再上新台阶。自主研制的深海沉积物（天然气水合物）保温保压取样装备海试成功，为国际上首次获得保温保压的深海沉积物（天然气水合物）原位保真样本。低场核磁表征泥质粉砂型水合物孔隙演化研究取得新进展，为安全高效开采泥质粉砂型天然气水合物提供了基础实验数据和理论指导。

海洋现代服务业支撑能力逐渐增强。初步构建起以海洋融资、海洋保险、海洋信贷、海事法律、检测认证等为主的海洋现代服务业支撑体系。推动设立国际海洋开发银行。国开行深圳分行、进出口银行深圳分行合计向涉海企业提供贷款规模超千亿元。深圳国际海事研究院揭牌成立。海关总署首次批复、唯一授权的跨境贸易数据平台地方政府试点——深圳跨境贸易大数据平台正式发布上线。

举办2022深圳市海洋产业招商大会。 2022深圳市海洋产业招商大会以"携手深蓝 共赢未来"为主题，吸引了一批世界五百强企业、中国五百强企业、上市公司、产业链龙头企业、高校、科研院所与深圳达成合作意向，现场共签约7项合作框架协议（图3-2）。会上与多家企事业单位建立蓝色战略合作关系，推动中海油LNG加注项目、中集集团集约化综合能源利用示范项目、国家海洋高端装备公共服务平台项目、

图3-2 2022深圳市海洋产业招商大会现场

（深圳市规划和自然资源局供图）

海洋生物新材料中试基地项目等多个优质项目落户深圳。

海域海岛精细化管理水平持续提升。统筹开展海洋自然资源调查，进一步摸清海洋资源总量。加强海域使用金管理，积极推动海域定级和海域使用金征收标准制定工作，开发建设海域使用金测算管理信息系统，完成蛇口渔港、南澳渔港、盐田渔港、东部海堤三期重建工程等一批项目的海域使用金减免审批工作。完成海洋新城填海区域海洋生态保护红线调整工作。积极推动围填海历史遗留问题处置。

三、珠海

高水平规划引领海洋经济高质量发展。印发实施《珠海市海洋经济发展"十四五"规划》，明确提出实现海洋经济质量效益更高、海洋科技创新能力更强、海洋生态环境质量更优、海洋开放合作水平更高和海洋综合管理能力更强的发展目标，发展海洋高端装备、海洋生物、海洋新能源、海水综合利用四大海洋新兴产业，全力构建高质量现代海洋产业体系，打造具有国际影响力的现代海洋产业集群。出台《珠海市海洋生态环境保护"十四五"规划》，聚焦河口海湾综合治理，明确六大具体工程或任务，构建"大环保""大监管""大治理"新体系，以海洋生态环境高水平保护助推沿海经济带高质量发展。

海洋科技创新平台加快建设。国家海洋综合试验场（珠海）正式落户。南方海洋科学与工程广东省实验室（珠海）5G移动网络建设项目以"万山海上测试场内外场5G通信专网项目"为依托，将5G技术赋能于海洋领域，实现了5G网络的超远覆盖，是全国首个海上智能装备测试场5G通信专网。该项目荣获2022年度国家工业和信息化部组织的"绽放杯"5G应用征集大赛全国总决赛二等奖。截至2022年底，全市海洋领域创新平台达13个，其中省级实验室1个、市级以上新型研发机构3个、市级以上工程技术研究中心9个。

海洋渔业和水产品加工业态不断丰富。首次提出"年鱼经济"概念，成功举办首届中国年鱼博览会（图3-3），

图3-3 珠海成功举办首届中国年鱼博览会
（珠海市农业农村局供图）

吸引全国超200家企业参展。珠海获评"中国海鲈预制菜之都"。斗门区预制菜产业园成功列入2022年省级现代农业产业园建设名单，截至2022年底，已有30家企业加入预制菜产业园，其中14家企业获信贷支持1.14亿元。新增深水大网箱30个，大型深远海养殖平台"湾区横洲号"投产。

海洋领域开放合作持续推进。全力支持、服务横琴粤澳深度合作区建设，积极承担共建中医药广东省实验室的重大任务，珠海市南湾洪保十片区、金湾片区、万山片区获批设立广东自贸试验区联动发展区。构建港珠澳大桥经贸新通道，开工建设粤港澳物流园、港珠澳跨境贸易全球中心仓，空港国际智慧物流园部分投入使用。

海洋资源要素保障优化提升。全年累计用海项目共获批25宗，批复用海面积共2 912.18公顷，同比分别增长39%和200%。珠海首宗"渔光互补"光伏发电用海项目完成海域使用权立体分层设权审批。中国首个气田地下数智化系统——珠海金湾高栏终端天然气处理工艺数字孪生示范项目投入使用，推动南海气田运营提质增效。自主设计和建造的全球最大LNG储罐正式迈入主体施工阶段，推动我国华南地区规模最大的液化天然气储运基地建设迈向新阶段。珠海港高栏港区国能散货码头工程新增10万吨级卸船泊位，有效提升华南地区的煤炭保供能力及珠海国家应急煤炭储备基地储运能力。

四、佛山

海洋工程与船舶制造优势突出。 "海上自升式平台升降系统及其服务技术""高效可靠自升式海上风电安装平台及其成套服务技术"达到国内先进标准。国内首座油电混合动力的海上风电安装平台"精铟03"号建造完成,正式转入码头调试、系泊试验阶段。佛山市首批LNG动力改造船舶交付开航。载重吨位最大的沿海运输船舶"泓富32"正式开航。成功创建省级全域旅游示范区,加入"海上丝绸之路保护和联合申报世界文化遗产城市联盟"。

开展海洋经济运行监测与评估工作。 首次纳入省海洋经济运行监测与评估范围(图3-4),深入实施涉海企业联系制度,探索开展海洋经济活动单位名录核实工作,为广东非

图3-4　2022年佛山市海洋经济运行监测与评估直报培训会现场
(广东省海洋发展规划研究中心供图)

沿海城市开展海洋经济运行监测与评估工作提供先行示范。

持续强化海事领域科技信息应用。 率先在珠江水系建成 374 支视频监控前端、5 个 AIS（船舶自动识别系统）基站、9 个小型雷达站，打造广东首个智慧海事监管系统，辖区船舶电子监管覆盖率达到 98% 以上，建立"1+1+5"三级智管架构，实施"五全五智"全要素管理，开创广东海事智慧监管先河，智慧监管工作走在全国前列。

五、惠州

积极谋划海洋经济高质量发展。 出台《惠州市海洋经济发展"十四五"规划》，推动打造海洋经济发展新格局、构建现代海洋产业体系、实施创新驱动发展战略、加强海洋生态文明建设、深化海洋对外开放合作 5 项重点任务，努力将惠州建设成为粤港澳大湾区现代化海洋城市。印发《惠州市海洋生态环境保护"十四五"规划》，提出保护蓝色生态空间、加强海洋生态保护力度、培育海洋文化、提升临海亲海空间品质、加快推进美丽海湾建设等工作内容，初步实现"水清、岸绿、滩净、湾美、岛丽、物丰、人和"的美丽海洋愿景。

临海石化工业实现高位增长。 基础化工原料向高端精细化学品和化工新材料延伸发展，已达到炼油 2 200 万吨、乙烯220万吨、芳烃250万吨、PTA 500万吨的年生产能力，形成了上游炼油，中游乙烯，下游碳二、碳三、碳四、碳五、芳烃、碳九6条优势产业链，炼化一体化规模位居全国第一，大亚湾石化产业园区4年蝉联"全国化工园区30强"第一。

港口基础设施日益完善。 2022年，惠州港"一港四区"基础设施扩能升级（图3-5），新增生产性码头泊位7个。惠州荃美重件码头、恒力石化码头顺利投产；惠州LNG接收站项目配套码头工程、惠州港荃湾港区5万吨级液化烃码头项目全面开工。中海壳牌南海石化码头扩建等工程全面推进。3个沿海公用航道扩能升级项目建设提速。惠州港口全年货物吞吐量为9 004.9万吨，集装箱吞吐量完成42.2万吨，液体化工吞吐量为5 866.3万吨，危险品货物吞吐量位居全国第三。

图3-5　惠州大亚湾石化产业园区夜景
（惠州市自然资源局供图）

海洋生态整治修复成效显著。实施惠东县沙咀尾堤碧道建设工程、大亚湾区海堤达标加固工程，完成海堤达标加固2.7千米，筑牢海岸安全线。实施惠州市考洲洋重点海湾整治项目，已完成新增种植红树林面积1 100亩，营造鸟类栖息地160亩，增殖放流黑鲷鱼苗10万尾，为打造粤港澳大湾区红树林生态园奠定良好基础。惠东县2 076.45亩新营造红树林达到省级核查标准，获得省级红树林造林奖励新增建设用地计划指标207.65亩。

六、东莞

海洋科技水平稳步提升。东莞市新一代人工智能产业技术研究院正式落户。松山湖生物医药产业基地已落地生物医药重大产业项目22个，组建松山湖现代生物医药产业技术研究院和松山湖生物医药产业技术联盟，挂牌成立林润智谷等5家基地产业园。"一种高功率密度海岛互动式UPS及其综合控制方法"专利荣获中国专利优秀奖。

海洋工程项目顺利推进。全球最大的跨径双层悬索桥——广东狮子洋通道项目主体工程正式开工。滨海湾大桥建成通车（图3-6）。东莞港沙田港区四期工程动工。粤港澳文化街项目完成填海竣工验收，增加土地面积324亩。滨海湾新区深圳海洋科技研发服务基地项目填海工程基本完成。

图3-6 东莞滨海湾大桥
（东莞市自然资源局供图）

海岸线综合整治成效显著。高标准打造海岸带示范区，滨海湾海岸带综合示范区（东宝公园）成为全省海岸带综合示范区建设示范标杆。严格落实自然岸线保护，对项目占用人工岸线落实占补要求，打造高品质生态文明空间。

海洋交通运输业增势良好。2022年东莞港完成货物吞吐量1.7亿吨，集装箱吞吐量完成361.48万标准箱。开通"莞港水运专线"，引导、支持跨境运输"陆转水"，累计服务企业超2 400家，进出口总货值超1 000亿元。"东莞-利物浦"国际集装箱班轮航线正式开通，成为华南地区至欧洲最快的班轮航线之一。东盟快航"东莞-海防"点对点航线正式开通，为东莞企业与东南亚企业建立起更加快速的物流供应链通道。

七、中山

海上风电设备研发制造水平不断提升。国内首艘CAT-SWATH双模式风电运维船完成龙骨安放。发布新一代科技创新产品"OceanX"双转子漂浮式海上风电平台。广东省海洋新能源创新中心获批筹建,实现中山市省级制造业创新中心零的突破。

系统谋划海洋经济发展路径。出台《广东中山翠亨新区国民经济和社会发展第十四个五年规划和二〇三五年远景目标纲要》,提出将翠亨新区建设为珠江口东西两岸融合发展示范区,打造国际化现代化创新型城市新中心和现代化高品质滨海新城,对共建大湾区世界级城市群和粤港澳大湾区珠江口一体化高质量发展示范区起到重要支撑作用(图3-7)。

图3-7　中山翠亨新区
(中山市自然资源局供图)

积极推进湿地资源保护。《中山市贯彻落实〈中共广东省委关于深入推进绿美广东生态建设的决定〉的行动方案》审议通过，要求加快推进沿海岸线红树林营造，修复营造绿美中山生态海岸。中山翠亨湿地成功列入2022年广东省重要湿地发布名录，启动2022—2023年度红树林生态修复项目，计划修复红树林近800亩，在原有的红树林资源基础上，增加种植本土红树，提升红树种群的多样性。

八、江门

涉海重大平台加快建设。江门"双碳"实验室获省科技厅批复加快筹建"双碳"省实验室，重点围绕减污降碳、提高电力效率等关键技术展开攻关。银湖湾滨海新区开发提速，澳门国际健康港、粤海智造创新港、新澳重大技术装备创意创业园等项目扎实推进。

高品质滨海文旅项目加快建设。赤坎古镇华侨文化展示旅游项目、古劳水乡文化生态旅游度假区项目等11个重大文旅项目加快建设。赤坎古镇华侨文化展示旅游项目成为省文化产业赋能乡村振兴的典型案例。碧海银湖文旅项目对外开放。浪漫海岸国际旅游度假区项目首期工程开工建设。川岛宿集项目成功落户。澳门酒店旅业商会与江门市旅游行业协会签订《旅游业务合作框架协议》，自愿结成"澳门&江

门"旅游推广战略合作伙伴，共同打造旅游品牌，开发旅游
市场，推动两地旅游业发展。推进环镇海湾生态文明发展示
范区规划建设。

海洋交通设施建设加快推进。广中江高速顺利通车。
银洲湖高速、江鹤高速改扩建全面进入路基、桥梁、隧道等
实体施工阶段。深江铁路全面动工。黄茅海跨海通道（图
3-8）、崖门出海航道二期工程加快建设。全球最大宽扁浅
吃水型半潜驳船——45000DWT半潜驳船的主船体顺利完成
四个总段的水上合龙工作。开通中老、中欧国际货运班列。

图3-8　黄茅海跨海通道建设现场

（江门市自然资源局供图）

第二节 ▶ 粤东地区

一、汕头

海上风电产业集群加速形成。海上风电创新产业园全面启动建设，国内首个风电临海试验基地落地，亚洲首台11兆瓦级别海上风机并网发电。总投资约82亿元的华能汕头勒门（二）海上风电场项目动工建设，新增澄海风电海缆登陆点。

涉海基础设施加快建设。汕头海湾隧道正式通车，汕汕铁路汕头段主线桥梁全部贯通，牛田洋特大桥主桥合龙，广澳港疏港铁路动工建设。广澳港区三期工程纳入国家重大项目库。数字基础设施建设加快，汕头区域性国际通信业务出入口局建设基本完成，配合国际海缆登陆站，全力打造国际通信枢纽。

海洋生态保护修复工作稳步推进。汕头海洋生态保护修复工程项目获2023年中央财政资金3亿元支持。汕头青澳湾入选全国首批美丽海湾（图3-9）。地表水环境质量状况大幅改善，5个国考断面、2个省考断面水质均达考核目标，国考断面水质改善情况位列全省第一。持续推进224个入海排污口滚动排查整治，整治完成率达88.8%。近岸海域海水水质稳步改善，优良水质面积占比91.1%。

图3-9　汕头南澳岛青澳湾
（汕头市南澳县自然资源局供图）

二、潮州

港产融合发展提速。潮州港货运集疏运能力进一步增强，全年港口集装箱吞吐量达14万标准箱，累计建成沿海生产用港口码头泊位14个，金狮湾港区亚太通用码头、华丰中天LPG码头升级改造项目等港航工程持续推进。潮州港扩建货运码头开展首宗集装箱外贸业务。临港产业项目加速推进，益海嘉里粮油加工基地（图3-10）投产。国内首个民营液化天然气接收站项目——潮州华瀛液化天然气接收站项目LNG储罐成功升顶。潮州港经济开发区获评"广东省特色产业园区"和"广东省加工贸易产业转移园"。

图3-10　潮州益海嘉里粮油加工基地
（潮州港经济开发区管委会供图）

海洋水产品加工业保持稳定增长势头。饶平县柘林镇（水产品加工）入选2022年省级"一村一品、一镇一业"专业镇名单。形成以饶平县洪洲镇、柘林镇、钱东镇、海山镇为主的饶平水产预制菜集聚区。潮州菜中央厨房产业联盟成立，实现了预制菜产业链纵向、横向资源的整合发展。

海洋生态环境持续改善。饶平县东沙湾海岸修复工程顺利完成竣工验收。对大唐电厂附近海域、亚太燃油（益海嘉里）对开海域内新增和无主的违法违规吊养养殖设施进行清理拆除，进一步改善海洋生态环境，维护海上生产秩序。

三、汕尾

主动谋划海洋事业高质量发展。出台《汕尾市海洋经济发展"十四五"规划》，提出加快创建海洋经济振兴发展示范市，重点打造粤港澳大湾区"粤海粮仓"、新型能源和临海型先进制造业基地、海洋经济创新发展试验区、海洋生态文明建设示范市。印发《汕尾市海洋生态环境保护"十四五"规划》，提出海洋生态环境质量持续改善、海洋生态保护修复取得实效、公众亲海需求得到满足等主要目标。

全力做好项目用地用海服务支撑。陆丰核电5、6号机组项目，陆丰甲湖湾电厂3、4号机组扩建工程，以及中广核汕尾甲子一、甲子二海上风电场等重大项目取得用海批复（图3-11）。合理开展海砂开采挂牌出让工作，全年完成三块海砂区块挂牌出让，出让价格共计约54.05亿元。汕尾市高水平海洋产业技术联盟成立。

新能源和海洋高端装备制造产业集群建设加速。汕尾中广核甲子900兆瓦海上风电项目实现全容量并网发电。

图3-11 汕尾甲子一、甲子二海上风电场
（汕尾市发展和改革局供图）

2022年，汕尾海上风电装机容量达140万千瓦，海上风电发电量达22.13亿千瓦时，预计2023年海上风电发电量达42亿千瓦时。陆丰核电项目5号机组正式开工。汕尾（陆丰）海洋工程装备基地初步建成集技术研发、设备制造、检测认证、运行维护于一体的海上风电工程装备制造产业园区，园区一期已投产明阳智能、中天科技、天能重工、长风集团等项目，总产值达133.66亿元。

四、揭阳

积极谋划海洋经济高质量发展。印发《揭阳市海洋经济发展"十四五"规划》，提出"十四五"时期着力建设宜居宜业宜游的活力古城、滨海新城，打造沿海经济带上的产业强市，打造"一廊融合、双核引领、三区集聚"的陆海统筹发展格局。

特色海洋产业优势凸显。中石油广东石化炼化一体化项目基本建成（图3-12），吉林石化60万吨/年ABS及其配套工程项目已完成联动试车。国家电投揭阳神泉二项目实现全容量发电，国家电投神泉一（二期）项目加快建设。化学与精

图3-12　揭阳中石油广东石化炼化一体化项目
（大南海石化工业区管委会供图）

细化工广东省实验室揭阳分中心（榕江实验室）落户广东工业大学揭阳校区。惠来县鲍鱼产业园入选2022年省级现代农业产业园。惠来鲍鱼荣获广东农产品"12221"市场体系建设十大优秀案例奖。

海洋资源要素保障水平明显提升。2022年批准用海项目5宗，面积共9 740亩，有效保证了国家电投揭阳神泉二等重点项目用海需求。成功出让全市首宗海砂开采海域使用权和采矿权，出让金额18.62亿元，海砂开采出让工作进度居全省前列。揭阳港南海作业区通用码头工程项目用海获批。

第三节 ▶ 粤西地区

一、湛江

海洋渔业特色品牌优势彰显。全市共培育水产118个种类合计445个品种或品系，拥有水产种苗场480家，率先解决对虾种质资源长期依赖进口的"卡脖子"问题。2022年新增南美白对虾"海茂1号""海兴农3号"2个新品种。深水网箱养殖产业领跑全省，从网箱制造、网具生产、饲料生产到网箱养殖、冷藏加工、出口流通等环节的深海养殖产业链条日趋完善，拥有深水网箱超3 000个。大型海上"蓝色粮仓"初步形成。加快水产中央厨房产业高地建设，成立湛江市预制食品加工与品质控制工程技术研究中心、湛江市预制食品研究院、湛江市预制菜烹饪与营养工程技术研究中心等研发平台，荣获"中国水产预制菜之都"称号。新增"湛江蚝""湛江沙虫"等地理标志品牌，举办2022中国（广东）国际水产博览会，进一步擦亮湛江海洋渔业品牌。首个机械化、智能化深远海养殖平台"海威1号"正式启用（图3-13）。

图3-13 湛江海洋牧场"海威1号"

（吴楚琪供图）

　　临港产业发展实现新突破。中科炼化一期项目达产达效，二期项目有序推进。巴斯夫（广东）一体化基地项目进入全面建设阶段，首套装置投产。宝钢湛江钢铁三号高炉系统达产达效，100万吨氢基竖炉项目开工建设。廉江核电一期项目、乌石油田群开发项目正式开工。国内首台深远海浮式风电装备"扶摇号"顺利起航，陆上集中式风电项目和光伏并网规模位列全省第一。

　　涉海基础设施升级进程加快。广湛高铁湛江湾海底隧道工程海域段实现贯通，环城高速南三岛大桥主桥顺利合龙，湛徐高速公路乌石支线工程、海川大道改扩建工程、疏港大道扩建工程加快建设。湛江国际邮轮码头工程、中科炼化液化烃码头工程建成，宝满港区铁路专用线、东海岛港区航道工程、湛江港拆装箱一期主体工程等项目开工建设。

持续深化国内外贸易合作。参与签署《合作共建西部陆海新通道框架协议》，开通"陆海新通道+中欧班列"海铁联运线路29条，累计开行班列332列。西城片区陆海新通道创新发展示范区启动建设。加强与海南相向而行，开通至海南集装箱航线7条。RCEP（区域全面经济伙伴关系协定）湛江企业服务中心正式成立，获评粤东粤西粤北首家"省级RCEP企业服务中心"，已开展金融服务、信用保险、法律咨询、商事服务、企业培训、会展会务等服务。2022年对RCEP成员国贸易额达151亿元，同比增长38%。

二、茂名

科学谋划海洋事业发展。印发《茂名市海洋经济发展"十四五"规划》，提出要推动茂名建设成为沿海经济带海洋经济强市，打造世界级绿色化工和氢能产业基地、区域性现代商贸物流基地和交通要道枢纽、中国南方文旅康养度假基地。实施《茂名市"十四五"海洋生态环境保护规划》，提出海洋环境质量持续稳定改善、海洋生态保护修复取得实效、公众亲海需求得到满足、海洋生态环境治理能力不断提升的发展目标。

临港化工产业集群奋楫扬帆。东华能源烷烃资源综合利用项目一期建成试车，茂名石化升级改造项目稳步推进，丙烯腈产业链项目启动，石化产业实现"老树发新芽"。茂名港30万吨级原油码头工程、博贺新港至茂名油品管道项目开工建设。茂名天源石化碳三碳四资源利用项目加快推进。全市现有各类石化企业700多家，其中规模以上工业企业300多家，炼油加工能力与乙烯生产能力居全国前列。

图3-14　茂名博贺湾
　　　（李泮供图）

　　沿海快速交通网加快形成。茂名东站至博贺港区铁路、沈海高速改扩建工程茂湛段、广东滨海旅游公路茂名先行段建成通车，广湛高铁茂名段加快建设，高速公路、快速路与博贺湾大桥、水东湾大桥互联互通（图3-14）。茂名港吉达港区东作业区进港航道工程已建成。茂名广港码头成功获批进境粮食指定监管场地，实现了茂名口岸开放的历史性突破。

三、阳江

　　世界级海上风电全产业链基地加快建设。印发《广东（阳江）国际风电城规划》。粤电青洲一、二等海上风电项

目加快推进，中材叶片等12个装备制造项目动工、投产。成立全省首个风电产业知识产权运营中心，建立阳江市海上风电产学研创新联盟。

海洋科技创新动能加速集聚。海洋领域创新平台建设持续推进，阳江海上风电学院挂牌成立。阳江海上风电实验室、合金材料实验室等省级实验室累计承担科研项目42个。累计建成海洋水产领域类市级重点实验室2个、企业工程技术研究中心32个。

图3-15　阳江海陵试验区海洋滩涂等盐碱地成功试种海水稻
（阳江市自然资源局供图）

　　粮食安全新底板持续加固。充分挖掘海岛土地利用潜力，海陵试验区海洋滩涂等盐碱地成功试种海水稻（图3-15）。成功申报广东省海洋渔业跨县集群现代农业产业园和阳西县预制菜产业园。阳东、海陵-阳西2个国家级渔港经济区已完成规划编制。闸坡世界级渔港建设项目加快推进。南鹏岛海域中广核国家级海洋牧场示范区获批成立，现有3个国家级海洋牧场示范区。成功举办第二十届南海（阳江）开渔节、中国农民丰收节暨首届广东（阳江）晒鱼节和"蚝美阳江·时尚生活"美食周等活动。

<<< 第四章

04

2023年广东海洋经济工作计划

以习近平新时代中国特色社会主义思想为指导，全面贯彻党的二十大精神，深入贯彻习近平总书记视察广东重要讲话、重要指示精神，认真落实广东省委十三届二次全会、省委经济工作会议、省高质量发展大会、省政府工作报告的要求，坚持稳中求进工作总基调，完整、准确、全面贯彻新发展理念，服务和融入新发展格局，着力推动高质量发展，统筹发展和安全，以粤港澳大湾区建设为牵引，扎实推进深圳先行示范区和横琴、前海、南沙三大平台等重大建设，深度参与共建"一带一路"，深入落实区域全面经济伙伴关系协定，加快推进海洋强省建设，为奋力在全面建设社会主义现代化国家新征程中走在全国前列、创造新的辉煌谱写海洋新篇章。

一、统筹推进海洋强省建设

锚定海洋经济高质量发展任务，对标粤港澳大湾区建设、制造业当家、绿美广东生态建设、"黄金内湾"建设等中央和省重大战略部署，统筹推进全面建设海洋强省意见和省海洋经济发展"十四五"规划的贯彻落实。推动召开全省海洋强省建设工作会议。印发《海洋强省建设三年行动方案（2023—2025年）》。加快国土空间规划编制审批，推动专项规划纳入国土空间规划"一张图"，深化详细规划的管理改革，强化对重大战略、重大平台的空间支撑。推动省海岸带综合保护与利用规划（修编）出台，优化海岸带生态、生产、生活空间布局。推动国际海洋开发银行落地，加快深圳海洋大学、粤港澳大湾区航运联合交易中心等的建设。

二、着力打造海洋经济发展科技引擎

坚持科技自立自强、人才引领驱动，加快构建全过程海洋创新生态链。从"基础研究+技术攻关+成果转化+科技金融+人才支撑"全链条发力，夯实广东海洋科技创新优势。高标准推进国家海洋综合试验场（珠海）、南方海洋科学与工程广东省实验室、国家深海科考中心等创新平台的建设。加强深海渔业装备、天然气水合物、海洋探测等领域核心技术攻关，着力突破关键技术"卡脖子"难题。充分发挥港澳海洋科技和产业优势，支持共建研发基地、技术研发中心等海洋科学技术创新平台，搭建粤港澳大湾区海洋科技成果转化平台，促进科技成果转化。完善科技金融服务体系，引导金融活水流向海洋科技创新。强化海洋科技人才引育，打造海洋科技创新人才高地。

三、聚力提升现代海洋产业发展能级

深入实施"制造业当家"战略，树立制造业当家的鲜明导向。坚持壮大实体经济，加快创新链与产业链深度融合，以科技创新赋能产业链关键环节，加快推动传统海洋产业高端化、高端产业规模化，形成区域高质量发展的强劲动力。深入践行大食物观，大力发展海洋牧场和深远海养殖，建设"蓝色粮仓"。推进百万亩养殖池塘升级改造和渔港建设。提升海洋产业链、供应链韧性和安全水平，以"链长+链主制"为抓手，依托龙头企业吸引上下游配套企业集聚发展，打造全国领先的千亿级、万亿级海洋产业集群。推进巴斯夫（广东）一体化基地、埃克森美孚惠州乙烯、中海壳牌惠州三期乙烯、茂石化技术改造等产业链重大项目建设，支持阳江国际风电城、汕头国际风电创新港、汕尾海上风电装备制造及工程基地等建设。促进海洋经济发展专项成果转化，推动海洋六大产业创新发展。持续办好、用好海博会、海丝博览会、旅博会平台，深化交流合作。

四、全力推动区域海洋经济协调发展

坚持陆海统筹、山海互济，强化港产城联动，推动粤港澳大湾区海洋经济融合发展。加强沿海与内陆城市的互联互通、协同发展，重点推进以县域为载体的海洋经济高质量发展示范区建设，做大做强县域海洋经济；启动建设一批现代海洋城市，打造海洋经济发展引擎。推进粤港澳大湾区珠江口一体化高质量发展试点建设，着力打造环珠江口100千米"黄金内湾"。充分利用海博会、消博会、高交会、广交会、博鳌亚洲论坛等平台促进广东与海南相向发展，聚焦航运、能源等基础设施建设、高技术产业发展及生态环境保护等领域，高质量、高水平谋划合作项目，共同把"黄金水道"和客货运输最佳通道这篇大文章做好，更好地推动海南自由贸易港与粤港澳大湾区联动发展。

五、全面推进绿美广东建设

贯彻落实《中共广东省委关于深入推进绿美广东生态建设的决定》，加强保护修复规划引领和制度设计，制订印发省国土空间生态修复规划；实施绿美保护地提升行动，根据《广东省重要生态系统保护和修复重大工程总体规划（2021—2035年）分工方案》，围绕红树林营造修复、海岸线整治修复、历史遗留矿山生态修复和生态保护修复支撑体系等重点领域，有序推进生态修复工程落地实施。全力支持深圳高水平建设"国际红树林中心"，打造万亩级红树林示范区；实施绿色通道品质提升行动，加快实施自然岸线保护修复、魅力海滩打造、海堤生态化、滨海湿地恢复、美丽海湾建设"五大工程"。积极推进国家和美海岛创建示范工作，支持打造桂山岛、东澳岛、大万山岛、外伶仃岛等一批"生态美、生活美、生产美"的国家级和美海岛。实施《广东省万亩级红树林示范区建设工作方案》，推动湛江雷州、湛江徐闻、惠州惠东、江门台山4个万亩级红树林示范区建设。打好珠江口邻近海域综合治理攻坚战，逐步改善珠江口海域生态环境质量。制订出台省级生态系统碳汇能力巩固提升实施方案，提升"绿碳""蓝碳"生态碳汇能力。推进碳汇市场交易。推动海洋产业碳排放核算研究以及红树林、海草床和海藻碳汇方法学研究等，参与国家海洋负排放重大科技计划。

六、稳步提升海洋综合治理能力

强化海域海岛使用管理，推动省级海岸带综合保护与利用规划（修编）出台，构建陆海一体、功能清晰的海岸带空间治理格局。推动海域海岛精细化管理，建立健全海洋资源资产产权管理制度，推动海砂、无居民海岛和养殖用海等海洋资源市场化配置，持续开展海岸线占补、养殖用海市场化出让、海域使用分层设权等试点工作。出台实施全力促进海洋牧场高质量发展的具体支持措施。开展无居民海岛历史遗留问题处置试点工作。推进省、市、县三级海域海岛动态监管体系建设。推进海洋灾害防治，持续推进全省海洋立体观测网建设，做好海平面变化、海岸侵蚀、海水入侵、海洋生态等调查评估工作，强化海洋智能网格预报。持续规划完善海洋公共基础设施建设，打造综合性海洋大数据中心，形成面向海洋的综合应用服务体系。健全海洋经济运行监测与评估工作机制，开展新标准下省、市级海洋生产总值核算工作，进一步完善海洋经济核算体系。传承和弘扬海洋历史文化，树立海洋文化自信，推进粤港澳大湾区文化圈和世界级旅游目的地建设，做好"南海Ⅰ号"整体保护工作，启动"南澳Ⅱ号"考古发掘工作。

附录　主要专业术语

1．**海洋经济**：开发、利用和保护海洋的各类产业活动，以及与之相关联活动的总和。依据《海洋及相关产业分类》（GB/T 20794—2021），海洋经济活动分为海洋产业、海洋科研教育、海洋公共管理服务、海洋上游相关产业和海洋下游相关产业。

2．**海洋产业**：包括海洋渔业、沿海滩涂种植业、海洋水产品加工业、海洋油气业、海洋矿业、海洋盐业、海洋船舶工业、海洋工程装备制造业、海洋化工业、海洋药物和生物制品业、海洋工程建筑业、海洋电力业、海水淡化与综合利用业、海洋交通运输业、海洋旅游业等。

3．**海洋生产总值（GOP）**：海洋经济生产总值的简称，指按市场价格计算的我国常驻单位在一定时期内海洋经济活动的最终成果，是各海洋及相关产业增加值之和。

4．**增加值**：指按市场价格计算的常驻单位在一定时期内生产与服务活动的最终成果。

5．**海洋渔业**：包括海水养殖、海洋捕捞、海洋渔业专业及辅助性活动。

6．**沿海滩涂种植业**：指在沿海滩涂种植农作物、林木的活动，以及为农作物、林木生产提供的相关服务活动。

7．海洋水产品加工业：指以海水经济动植物为主要原料加工制成食品或其他产品的生产活动。

8．海洋油气业：指在海洋中勘探、开采、输送、加工石油和天然气的生产和服务活动。

9．海洋矿业：指采选海洋矿产的活动。包括海岸带矿产资源采选、海底矿产资源采选。不包括海洋石油和天然气资源的开采活动。

10．海洋盐业：指利用海水（含沿海浅层地下卤水）生产以氯化钠为主要成分的盐产品的活动。

11．海洋船舶工业：包括海洋船舶制造、海洋船舶改装拆除与修理、海洋船舶配套设备制造、海洋航标器材制造等活动。不包括海洋工程类船舶、海洋科考船、海洋调查船制造和修理活动。

12．海洋工程装备制造业：指人类开发、利用和保护海洋活动中使用的工程装备和辅助装备的制造活动，包括海洋矿产资源勘探开发装备、海洋油气资源勘探开发装备、海洋风能与可再生能源开发利用装备、海水淡化与综合利用装备、海洋生物资源利用装备、海洋信息装备、海洋工程通用装备等海洋工程装备的制造及修理活动。

13．海洋化工业：指利用海盐、海洋石油、海藻等海洋原材料生产化工产品的活动。

14．**海洋药物和生物制品业**：指以海洋生物（包括其代谢产物）和矿物等物质为原料，生产药物、功能性食品以及生物制品的活动。

15．**海洋工程建筑业**：指用于海洋开发、利用、保护等用途的工程建筑施工及其准备活动。

16．**海洋电力业**：指利用海洋风能、海洋能等可再生能源进行的电力生产活动。

17．**海水淡化与综合利用业**：包括海水淡化、海水直接利用和海水化学资源利用等活动。

18．**海洋交通运输业**：指以船舶为主要工具从事海洋运输以及为海洋运输提供服务的活动。

19．**海洋旅游业**：指以亲海为目的，开展的观光游览、休闲娱乐、度假住宿和体育运动等活动。

20．**海洋科研教育**：包括海洋科学研究、海洋教育。

21．**海洋公共管理服务**：包括海洋管理，海洋社会团体、基金会与国际组织，海洋技术服务，海洋信息服务，海洋生态环境保护修复，海洋地质勘查等。

22．**海洋上游相关产业**：包括涉海设备制造、涉海材料制造。

23．**海洋下游相关产业**：包括涉海产品再加工、海洋产品批发与零售、涉海经营服务。